Albert Dastre

L'Osmose

**Le savoir
en poche**

ISBN : 978-1548213213

10 9 8 7 6 5 4 3 2 1

Albert Dastre

L'Osmose

Le savoir
en poche

Table de Matières

L'osmose

Si, sans négliger les progrès de détail et les découvertes isolées, on veut, — comme il convient ici, — s'attacher surtout aux faits généraux et significatifs, et suivre le mouvement de la science dans le mouvement de ses doctrines, on ne peut choisir un meilleur sujet d'étude que celui de l'Osmose. Il intéresse également la Biologie et la Physique générale ; il touche aux fondements mêmes de l'un et de l'autre ordre de sciences et y joue un rôle capital ; les développements qu'il a pris des deux côtés sont à la fois considérables et tout récents.

Les phénomènes d'osmose présentent chez les êtres vivants une importance qu'il est utile avant toute autre chose de mettre en relief ; ils ont d'autre part, au point de vue physique, une signification qui doit être bien comprise. Ces deux points établis, à grands traits, il sera permis de pénétrer plus avant dans le détail des connaissances acquises, dans ce domaine de la science, par les physiologistes et les physiciens contemporains.

I

C'est au mois d'octobre 1826 que furent communiquées à l'Académie des sciences les premières recherches de H. Dutrochet sur l'*osmose*, — ou plus exactement sur l'*endosmose* et l'*exosmose*. L'auteur de cette découverte s'était fait connaître déjà par des travaux pleins d'intérêt : c'était un esprit original qui s'était cultivé lui-même, en dehors des écoles, par l'étude personnelle et l'observation directe de la nature. Sa carrière, qui s'acheva dans les honneurs académiques, avait commencé en dehors des hiérarchies scientifiques. Issu d'une famille ruinée par l'émigration, il avait mené, pendant les campagnes de l'Empire, l'existence errante d'un médecin des armées. Il s'était retiré de bonne heure, aux environs de Tours, et il occupait les loisirs de sa retraite et l'activité de son esprit à des recherches sur la physiologie des plantes et des animaux. Il a eu, d'ailleurs, de cette science, à part quelques idées aventureuses, une vue plus exacte et plus pénétrante que la plupart de ses contemporains.

Dutrochet fut mis pour la première fois en présence d'un fait d'osmose, au cours de l'examen qu'il pratiquait au microscope d'une moisissure aquatique déjà étudiée par Needham : il vit l'eau pénétrer à travers la membrane des capsules terminales, les gonfler, en chasser le contenu, sans qu'il pût se rendre compte de la force qui était entrée en jeu. Il retrouva le même phénomène, quelques années plus tard, incidemment, en observant la manière dont se fait l'évacuation du spermatophore de certains mollusques ; et cette fois, il comprit le caractère nouveau de ce mouvement. Il en détermina les conditions ; il sut les reproduire.

Deux liquides miscibles l'un à l'autre, une membrane de nature organique qui les sépare et qui puisse être mouillée par eux ; voilà tout ce qu'il fallait pour la production de l'osmose. De telles conditions sont précisément réalisées par la nature chez tous les êtres vivants et dans toutes leurs parties. Le phénomène qui en résulte est une manifestation dynamique, une création de force infiniment remarquable. Un double courant s'établit à travers la membrane, qui transporte chacun des liquides vers l'autre, avec des vitesses différentes et, en fin de compte, les mélange. Il y a donc, du seul fait de la mise en présence des deux liquides et de la membrane, création de courant, c'est-à-dire *impulsion*, et c'est ce qu'exprime le terme d'*osmose*, emprunté au grec. La force osmotique qui prend naissance dans des circonstances si simples et, pour ainsi dire, à si peu de frais, peut atteindre une énergie extrême. Nous verrons qu'on employant un artifice convenable pour consolider la membrane, on peut avec une solution de sucre et de l'eau distillée soulever une colonne de liquide à la hauteur de plusieurs mètres. En somme, l'osmose se manifeste par trois effets : un effet dynamique, force ou pression osmotique, et des effets de mélange et de changement de volume dus à la pénétration réciproque des deux liquides.

L'origine de cette force osmotique, Dutrochet ne put la pénétrer ; l'état de la science à son époque ne le permettait pas. C'est une tâche qui était réservée aux physiciens-chimistes de notre temps. Du moins, s'il ne put résoudre le problème, il fut en état d'écarter les solutions fausses ou incomplètes qu'en proposèrent les savants les plus éminents parmi ses contemporains, le célèbre mathématicien Poisson, le physicien allemand Magnus, et, en France, M. Becquerel. Il ne se méprit pas davantage sur l'importance de sa découverte. « Je sais, écrivait-il en 1837, que, de prime abord, je suis allé trop loin en considérant l'endosmose comme le *phénomène fondamental de la vie*, comme son agent immédiat ; mais cette assertion, réduite à ce qu'elle a de vrai, tend encore à conserver à ce phénomène physique un rôle important parmi les causes auxquelles sont dus certains mouvements vitaux. La découverte de l'endosmose lie désormais la Physique à la Physiologie. »

Cette appréciation a été pleinement justifiée par la suite. Aujourd'hui, en effet, l'on fait jouer à l'osmose un rôle capital en Physiologie générale. On comprendra l'importance que prennent les forces osmotiques en biologie, si l'on veut bien considérer que les conditions du phénomène sont précisément réalisées dans tous les organismes vivants et dans toutes leurs parties jusqu'aux plus petites, c'est-à-dire jusqu'aux éléments anatomiques, jusqu'à la cellule. Partout on y rencontre des liquides capables de se mélanger, séparés par des membranes qu'ils peuvent mouiller. La force osmotique y constitue le rouage intime du mouvement des liquides. Elle est l'instrument des *échanges matériels* entre le milieu et l'être vivant, c'est-à-dire, en d'autres termes, de cette manifestation universelle, la nutrition, qui, avec cette autre que l'on nomme la reproduction, sert à définir et caractériser la vie.

Si l'on veut des exemples particuliers des applications de l'osmose en biologie, on n'aura que l'embarras de les choisir dans toutes ses branches, depuis la botanique jusqu'à la médecine pratique. En physiologie végétale par exemple, le jeu de l'osmose explique le phénomène de la *turgescence* des tissus, avec ses innombrables conséquences. C'est la force osmotique qui préside, selon les récents travaux de Godlewski, à l'absorption de l'eau par les racines et à l'ascension de la sève. Les botanistes, à l'exemple de Sachs, avaient vainement tenté d'attribuer cette montée des liquides nutritifs à l'action des forces capillaires ; mais celles-ci sont manifestement insuffisantes lorsqu'il s'agit du transport des liquides depuis le sol jusqu'à la cime des grands arbres. En thérapeutique, on rend compte de la même manière de l'action purgative des sels neutres diffusibles, tels que le sulfate de soude, qui déterminent à travers la paroi de l'intestin un courant osmotique, et un abondant afflux de l'eau du sang. Il n'est pas nécessaire de multiplier davantage les exemples particuliers ; ceux-ci suffisent à justifier les paroles de Dutrochet : « L'endosmose est un phénomène physique affecté par la nature aux corps organisés. » Mais ce que l'auteur de la découverte de l'osmose n'avait peut-être pas prévu, c'est que ce phénomène était appelé à prendre, dans la physique générale, une place qui n'est pas moindre que dans la biologie. Les débuts de ce développement inattendu de la théorie osmotique ne remontent pas au-delà d'une dizaine d'années.

II

La question de l'osmose n'est pas, en effet, une question isolée intéressant les chimistes et les physiciens, ni plus ni moins que toute autre : c'est en quelque sorte un problème central, une colonne de l'édifice. Elle est devenue comme le carrefour et le nœud d'une science particulière. Celle-ci, la chimie physique ou physicochimie, s'est taillé son domaine, depuis vingt-cinq ans, sur les confins des deux sciences autrefois distinctes qu'elle rattache et relie entre elles. Il existe aujourd'hui, dans la plupart des Universités, à côté des chaires de physique et de chimie, un enseignement spécial de la physico-chimie. C'est le cas pour l'Université de Paris. Un cours de chimie physique a été créé à la Faculté des sciences, grâce à l'heureuse initiative d'un député de Paris, M. Denys Cochin, qui n'a pas oublié au milieu de ses nouveaux devoirs ses anciennes études de prédilection. La chimie physique s'est donc constituée partout comme une branche particulière ; elle a son organisation propre, son programme d'études, ses laboratoires, et ses publications périodiques. Elle a aussi ses représentants éminents, parmi lesquels nous nous bornerons à citer M. Raoult, en France, et M. J.-H. van t'Hoff en Hollande. M. J.-H. van t'Hoff s'était acquis déjà un juste renom par des travaux de premier ordre dans le domaine des hautes spéculations physiques, et entre autres œuvres, par la part qu'il avait prise à la fondation de la stéréochimie. Il a proposé, en 1887, une théorie de l'osmose qui, dans tous les pays, s'est imposée à l'attention scientifique. La théorie de l'osmose de M. vant'Hoff rattache précisément cet ordre de phénomènes à la plupart de ceux qui forment l'objet de la physico-chimie. Et d'abord, il existe une étroite dépendance entre la question de l'osmose et une autre que M. Reychler appelle « le problème de prédilection de la chimie moderne. » Il s'agit de la vraie nature des solutions salines. Et, de fait, MM. Berthelot, Mendeleef et d'autres savants chimistes, depuis Blagden jusqu'à M. Raoult, ont consacré les plus ingénieux efforts à résoudre cette question : qu'est-ce, au fond, que la dissolution d'un solide dans une liqueur ?

Que le fait de l'osmose soit lié à celui de la dissolution des substances dans les liquides, on le concevra immédiatement si on l'envisage dans son cas le plus simple, lorsqu'il s'exerce entre deux liquides aqueux. Un vase quelconque est divisé en deux compartiments par une cloison membraneuse ; il y a d'un côté de l'eau pure, de l'autre une solution de sel dans l'eau. Le courant s'établit de l'eau pure vers la solution salée ; l'eau pénètre dans le compartiment où est le sel, en augmente le volume et en élève le niveau. Il est clair que ces effets ont leur cause dans la différence des deux liquides, c'est-à-dire dans la constitution de la solution saline comparée à celle de l'eau.

Nous avons dit que les chimistes les plus habiles avaient essayé de pénétrer le mystère de cette constitution des solutions. M. van t'Hoff s'en est formé une idée particulièrement simple. Il admet que la substance dissoute existe dans l'eau à l'état de gaz ou de vapeur.

Il ne faut pas se laisser étonner outre mesure par l'inattendu dans cette proposition ; un peu de réflexion fait concevoir facilement la série d'idées qui y conduit. Quand on met un morceau de sucre ou un grain de sel dans un verre d'eau, on constate, au bout d'un certain temps, que toutes les parties du liquide sont salées ou sucrées. La même chose a lieu si, au lieu d'un verre d'eau, on en emploie une bouteille ou un tonneau ; le liquide est encore salé ou sucré dans toutes ses parties. C'est dire que le sel, par exemple, qui n'occupait à l'état solide qu'un espace insignifiant, s'est étendu, s'est dilaté, pour se répartir uniformément dans tout le volume de l'eau qui lui est offert. Si le goût devient impuissant à déceler la substance dissoute ainsi raréfiée, des moyens plus pénétrants, des réactifs chimiques plus délicats, réussiront à montrer qu'elle existe en nature, avec ses propriétés caractéristiques, dans toute l'étendue de la liqueur. Et lorsque ces procédés d'investigation, plus subtils, cessent eux-mêmes de répondre, on peut accuser leur imperfection et supposer encore l'uniforme diffusion du sel dans l'espace liquide.

Toutefois, cette diffusion de la substance dissoute a ses limites, plus proches qu'on n'imagine : son extensibilité n'est point indéfinie, ou du moins elle n'est pas indéfiniment compatible avec le maintien de sa constitution et la conservation de ses propriétés. La substance composée, le sel, se résout en ses constituants ; elle se dissocie d'une certaine manière en ses composants. Cette dissociation offre un caractère particulier. Elle est précisément la même qui se produirait sous l'influence du courant électrique ; les éléments de la substance dissoute se séparent dans le même ordre de groupement qu'aux deux pôles de la pile ; la décomposition s'opère en groupes électrolytiques, en *ions*, comme l'on dit aujourd'hui. Mais ce n'est pas encore le moment de parler de cette singularité qui vient mêler l'électrolyse au problème de la constitution des solutions et ajouter un nouvel ordre de phénomènes à tous ceux qui, déjà, gravitent autour de l'osmose.

Réserve faite de cette dissociation possible de la substance dissoute, le caractère du phénomène de dissolution c'est, d'après les explications précédentes, de s'accompagner d'une diffusion qui peut être indéfinie. Le corps, tout à l'heure solide, subit un changement d'état, une extension presque illimitée. Ses particules constitutives, ses molécules physiques, s'écartent de plus en plus et, pour ainsi dire, sans terme. La limitation du volume, — sa conservation à température constante, — c'est le trait distinctif de l'état solide et de l'état liquide : les gaz au contraire sont caractérisés par l'illimitation du volume qui tend toujours à s'accroître et n'a d'autres bornes que celles du récipient qui les contient. C'est précisément là la condition de la substance dissoute, et l'on commence à concevoir qu'il ait pu venir à l'esprit d'un physicien d'assimiler son état à l'état gazeux.

Cette analogie prendra un caractère plus frappant si nous appliquons notre attention au mouvement même de dissolution et de diffusion. Représentons-nous le grain de sel de tout à l'heure successivement dissous dans un verre d'eau, dans une carafe, dans un tonneau, dans des volumes d'eau de plus en plus grands ; faisons abstraction du temps qu'a exigé chacune de ces opérations ; ou plutôt accélérons, comme dans une sorte de cinématographe, la succession de ces stades, et offrons ce défilé rapide à notre méditation ; nous aurons alors, dans l'acte même de la dissolution, l'image de l'expansion d'un gaz.

Il n'en faut pas davantage pour concevoir l'hypothèse de M. van t'Hoff. Selon le chimiste néerlandais, la substance dissoute se trouve réellement à l'état gazeux dans son dissolvant. Celui-ci n'intervient en quelque sorte que comme un *moyen* de permettre l'expansion du corps dissous ; il faut l'envisager, non pas comme une *substance* mais comme un *espace* propre à l'extension de la matière soluble. Lorsque celle-ci est parvenue aux limites du dissolvant, elle exerce contre les parois qui l'enferment — et particulièrement contre la membrane osmotique, dans le cas qui nous occupe — la même pression qu'un gaz ou qu'une vapeur arrêtés dans leur expansibilité par les parois du récipient qui les contient. Cette pression, c'est précisément, en valeur, la pression osmotique. Le corps dissous devient un gaz qui a pour pression sa pression osmotique, et un volume qui dépend du degré de concentration. Dès lors, on comprend l'énoncé de la loi que M. van t'Hoff a ainsi formulée : « La pression osmotique d'une solution a la même valeur que la pression qu'exercerait la substance dissoute, si, à la température de l'expérience, elle était gazeuse et occupait un volume égal à celui de la solution. »

Arrivés à ce point, nous sortons enfin des conceptions théoriques et nous mettons le pied sur le terrain solide de l'expérimentation. La loi précédente, en effet, permet de calculer la pression osmotique pour chaque substance déterminée soluble dans l'eau ; elle en fournit une valeur théorique, un nombre, un chiffre. C'est le moment d'en juger le bien fondé. On confrontera cette valeur avec celle que fournit la mesure directe. Ce sera la concordance des chiffres ou leur discordance qui décideront.

La théorie de M. van t'Hoff est sortie victorieuse de cette première épreuve. Elle a résisté à d'autres encore. Si le corps dissous est assimilé à un gaz, il doit suivre les lois fondamentales qui régissent l'état gazeux, les lois de Mariotte et de Regnault. Cette dernière exprime l'influence des variations de température sur le volume et la pression de la masse gazeuse. Il faut qu'elle s'applique également à la substance dissoute. La pression osmotique doit donc varier proportionnellement au binôme de dilatation, c'est-à-dire à la température absolue. Les valeurs théoriques, calculées d'après ce principe, ont été confrontées aux valeurs expérimentales mesurées par Pfeffer. L'accord a été remarquable. Par exemple, entre une solution de sucre contenant un gramme de sucre pour cent d'eau, et l'eau pure qui en est séparée par une membrane, il se développe une pression osmotique qui varie avec la température ; à 32 degrés, elle est de 544 millimètres de mercure ; à 14 degrés la théorie indique que cette pression doit être de 510 millimètres : l'expérience a donné 512. Pour le tartrate de soude à 13 degrés, le calcul donne 908 et l'expérience 907. Ces concordances soutenues apportent évidemment une grande force à la doctrine. Elles ne doivent pourtant pas nous aveugler sur les défauts qu'elle présente et les corrections qu'elle exige. Mais ce n'est pas ici le lieu d'entrer dans une critique approfondie.

La mesure directe de la pression osmotique est, en raison de quelques difficultés expérimentales, une opération extrêmement délicate. Nous ne croyons pas qu'il y ait eu, en dehors de MM. Pfeffer et Ponsot, plus de deux ou trois physiciens qui l'aient réalisée. Aussi bien, n'est-il pas nécessaire d'opérer directement. On arrive plus facilement en prenant un biais. On déduit la pression osmotique d'une solution de la mesure de la tension de la vapeur qu'elle émet (mesure tonométrique) ou encore, et plus habituellement, de la détermination du point de congélation de la liqueur (mesure cryoscopique). On obtient ainsi, non point des valeurs absolues, mais des valeurs relatives, et celles-ci suffisent d'ailleurs aux comparaisons qui sont, en définitive, le but ordinaire des recherches scientifiques.

Il ne serait pas très difficile de faire comprendre à un lecteur attentif le principe de la relation qui existe entre la pression osmotique d'une part et ces autres propriétés physiques des solutions, d'autre part, à savoir la température de congélation et la force élastique de la vapeur. Nous nous contenterons pour le moment de signaler l'existence de ces relations et l'usage que les physiciens en ont fait dans l'étude de l'osmose. Cette constatation suffit au but que nous nous proposions. Elle achève de mettre en évidence les multiples connexions de l'osmose, et sa liaison avec les phénomènes physiques les plus divers. On vient de voir que la théorie osmotique touche à la constitution des solutions salines, à la loi d'Avogadro, et à celles qui régissent les gaz, à l'électrolyse, à la cryoscopie, à la tonométrie, c'est-à-dire à tous les hauts problèmes de la physique générale. C'est l'honneur de M. van t'Hoff d'avoir dévoilé la richesse de cette veine et d'avoir donné, à cette humble observation initiale du passage de liquide à travers la membrane cellulaire d'une moisissure un développement et une ampleur incomparables. L'événement a justifié les paroles de Dutrochet voulant s'excuser de l'attention qu'il continuait de donner à un si humble objet : « Les grands spectacles de l'univers sont ceux qui frappent le commun des hommes ; le philosophe aperçoit l'immense grandeur de la nature jusque dans les choses les plus petites. »

III

L'appareil que l'on emploie depuis Dutrochet pour l'étude de l'osmose est d'une extrême simplicité. C'est une petite fiole dont le goulot est surmonté d'un tube de verre gradué et dont le fond a été remplacé par une membrane taillée ordinairement dans un morceau de vessie de porc. La solution salée ou sucrée que l'on veut étudier est introduite dans cet *osmomètre*, et celui-ci est plongé dans l'eau pure. On voit bientôt le niveau s'élever dans le tube central. Cette dénivellation manifeste l'existence d'un courant qui va de l'eau vers la solution saline : un courant inverse, plus faible et moins rapide, entraîne le sel vers l'eau où l'on peut le déceler. Le courant le plus énergique et le plus rapide était nommé *endosmose*, l'autre *exosmose* : mais ces noms, d'ailleurs impropres, sont tombés en désuétude.

La dénivellation dans le tube osmométrique est donc la manifestation sensible, évidente de l'osmose. C'est elle qui en fournit la mesure. Le mouvement ascensionnel est, en effet, plus ou moins rapide suivant les circonstances : la rapidité ou la vitesse de cette montée donne une première idée de l'énergie du phénomène ; on l'appelle *vitesse osmotique* ; on en détermine la valeur par le nombre de divisions dont le niveau s'est élevé en un temps donné. Par exemple, avec une solution d'une partie de sucre contre quatre parties d'eau placée à l'intérieur de son osmomètre, Dutrochet voyait le niveau s'élever de 19mm,5 dans le tube gradué, en l'espace d'une heure et demie : avec une solution d'une partie de sucre pour deux d'eau, il constatait dans le même temps une ascension de 34 divisions ; avec une troisième solution à parties égales de sucre et d'eau, il constatait une montée de 53 divisions ; ces nombres 19,5, 34, 53, représentent les *vitesses osmotiques* respectives dans ces trois expériences.

Un autre élément que déterminait encore Dutrochet, c'était la *force osmotique*. Le mouvement ascensionnel se ralentit et finit par s'arrêter ; le niveau reste indéfiniment stationnaire : il y a équilibre entre l'impulsion qui tend à faire pénétrer l'eau et le poids du liquide soulevé qui résiste à la pénétration. La hauteur du soulèvement mesure à ce moment la *force*, la *pression* ou le *pouvoir*, osmotiques. Par exemple, avec un sirop de sucre de densité 1,070 à l'intérieur et de l'eau pure à l'extérieur de la membrane, Dutrochet vit le mouvement ascensionnel s'arrêter au bout de 36 heures ; la colonne d'eau soulevée équivalait à une colonne de mercure de 617 millimètres de hauteur, et à ce moment la solution de l'osmomètre contenait exactement une partie de sucre pour 7 parties d'eau. La pression osmotique était donc représentée par le nombre 0,617. — Un sirop plus concentré, de densité 1,3, produirait une endosmose capable de soulever une colonne du poids énorme de 4 atmosphères et demie. La vitesse et la pression osmotique vont en augmentant à mesure que l'on emploie des solutions plus concentrées.

Il faut se hâter de dire que les déterminations ont été répétées depuis le temps de ces premiers essais. Un botaniste très connu au-delà du Rhin, M. Pfeffer, les a reprises, en 1877, en perfectionnant la construction de l'instrument et les procédés de mesure. Dans ces célèbres expériences du savant allemand qui ont fourni à la théorie de M. van t'Hoff les vérifications nécessaires, rien d'essentiel n'était changé aux méthodes de Dutrochet. L'innovation la plus importante a porté sur la membrane de l'osmomètre qui était de provenance artificielle et non d'origine organisée, et qui ne permettait de courant osmotique que dans une direction. L'exosmose était nulle : l'endosmose subsistait seule.

Peu de faits nouveaux ont été ajoutés à l'étude expérimentale exécutée par le savant français. Le progrès s'est accompli tout entier dans les interprétations et dans les applications. Les conditions de l'osmose avaient été parfaitement fixées dès le début. Dutrochet avait dit que les liquides disposés de part et d'autre de la membrane doivent être capables de se mélanger ; et qu'il n'y a pas d'osmose si l'on met par exemple en rapport de l'huile et de l'eau. Depuis les travaux du savant anglais Graham, en 1862, cette condition a été mieux précisée. On sait que l'un des liquides au moins doit être *diffusible* dans l'autre, et nous verrons tout à l'heure la signification de cette propriété.

La direction du mouvement osmotique avait été fixée pour un très grand nombre de liquides, solutions organiques d'albumine, de gélatine, de gomme, de sucre, d'alcool, d'éther ; solutions de sels, d'alcalis, d'acides. Dans tous ces cas, sauf celui de l'alcool et de l'éther, le courant osmotique va de l'eau à la substance dissoute.

Dans le cas de l'alcool, le courant, au moins avec les membranes organisées, marche inversement, de l'alcool vers l'eau. Les solutions d'acides présentent un phénomène tout à fait remarquable : le courant osmotique subit une inversion suivant la température et suivant la concentration. A une température déterminée il existe un degré de concentration pour lequel il y a équilibre entre l'eau extérieure et la solution acide : on n'observe pas de courant, pas de déplacement de niveau de la colonne osmométrique : les impulsions sont égales des deux côtés de la membrane ; les deux liquides qu'elle sépare sont *isotoniques* suivant l'expression que de Vries a introduite dans la science.

C'est ce qui arrive, par exemple, à la température de 15° pour la solution d'acide tartrique de densité 1,1 dont 100 parties contiennent 21 parties d'acide cristallisé. Si la liqueur est plus concentrée, plus riche en acide, l'osmose entraînera l'eau vers le corps dissous, mais si la solution est moins riche, le mouvement se fera en sens contraire et entraînera l'acide vers l'eau. Tandis que dans le cas habituel on voit le courant osmotique, le courant prédominant, entraîner l'eau vers le corps dissous et marcher du liquide le moins dense vers le plus dense, ici on voit l'inverse.

Dutrochet détermina, avec non moins de perspicacité, la part importante qui revient à la membrane. Il en employa un très grand nombre ; des membranes animales, vessie de porc, peau de grenouille, de torpille, d'anguille, des membranes végétales telles que la gousse du baguenaudier ou les gaines du poireau, — des membranes de caoutchouc, des cloisons de grès, de porcelaine dégourdie, d'argile blanche ou terre de pipe, de calcaires. Il faut, pour que l'osmose ait lieu, que la membrane soit mouillée par les liquides ; qu'elle puisse être imbibée complètement par l'un d'eux ; tout au moins, qu'elle lui soit *perméable*. C'est là une condition nécessaire, mais encore n'est-elle pas suffisante, car la porcelaine dégourdie, qui forme des cloisons poreuses, est impropre aux phénomènes d'osmose, tandis qu'une matière voisine, l'argile cuite (terre de pipe) y est parfaitement propre.

Une manière si différente de se comporter devant l'osmose, chez des corps si analogues à tant d'égards, est bien capable de fournir quelque lumière sur le phénomène qui les distingue. Leur constitution chimique diffère peu : des deux parts c'est un silicate d'alumine avec excès de silice dans le cas de la porcelaine, avec excès d'alumine dans le cas de l'argile ; leur constitution physique les rapproche plus encore, l'une et l'autre sont poreuses, perméables à l'eau et aux solutions salines au point d'en permettre la filtration.

Si l'on cherche un trait qui les distingue, on ne trouvera que celui-ci : l'argile, ou plutôt l'alumine qui en est la base, fixe l'eau et la retient combinée avec tant de force qu'elle n'en est privée que par le feu le plus violent et le plus soutenu. Or, les membranes organisées, propres elles aussi à l'osmose, se trouvent dans le même cas. La remarque est de Dutrochet. L'eau a une grande affinité pour les substances organisées qui, toutes, sont plus ou moins hygrométriques. C'est leur caractère distinctif d'absorber de l'eau qui les gonfle sans les dissoudre et, au résumé, d'en contenir une très grande quantité pour une faible proportion de matériaux propres. Cette eau n'est point déposée dans des espaces préexistants, comme elle l'est dans les pores de la porcelaine dégourdie ; elle se distribue uniformément entre les particules de la matière organisée.

La manière dont se fait cette distribution de l'eau dans la matière organisée des membranes, échappe encore à l'observation scientifique. Une théorie remarquable et assez conforme d'ailleurs aux connaissances positives acquises jusqu'à ce jour en micrographie, pour qu'on puisse dire qu'elle est une image provisoire et hypothétique sans doute, mais fidèle néanmoins des faits réels, vient combler la lacune. Nous voulons parler de la *théorie micellaire* qu'un savant éminent, Naegeli, a proposée il y a quelques années.

D'après cette doctrine, la matière organisée est formée, non pas comme les corps inorganiques de simples molécules physiques, — celles-ci résultant elles-mêmes de groupements d'atomes soumis aux forces chimiques, — mais d'associations de molécules, d'édifices moléculaires ayant figure, que Naegeli a appelés *micelles*. La micelle est, au-dessus de l'atome et de la molécule, un troisième élément de constitution. Parmi les propriétés des micelles qui se rapportent à notre sujet, il faut mentionner l'attraction qu'elles exercent sur elles-mêmes et l'attraction plus grande qu'elles exercent sur l'eau. Dans les corps organisés, desséchés, les micelles sont rapprochées, serrées en ordre compact, séparées les unes des autres par une couche d'eau mince et adhérente à leur surface. Dans le corps organisé humide, soumis à l'imbibition, les éléments micellaires avides d'eau l'ont attirée avec plus de force qu'ils ne s'attirent eux-mêmes, de telle sorte qu'ils ont été écartés pour lui faire place. C'est ainsi, par interposition des molécules aqueuses entre les micelles organiques, que se produit le gonflement. Il faut ajouter que les micelles elles-mêmes sont unies en chaînes ou filaments ; ceux-ci, d'après toutes les observations microscopiques, sont disposés en réseaux à mailles plus ou moins larges dont les lacunes ou interstices logent une partie de l'eau qui imbibe la matière : et enfin, cette matière organisée est elle-même modelée en fibres, en cellules, et prend la figure des divers éléments anatomiques.

Il résulte de ces explications que l'eau peut se trouver dans la membrane osmotique organisée, à trois états qui diffèrent par le degré de mobilité de ses molécules. Une partie existe autour de chaque molécule de l'édifice micellaire ; elle y est à l'état immobile : c'est *l'eau de constitution*. Une seconde portion forme comme une atmosphère autour de la micelle ; elle y constitue des zones concentriques dont la plus voisine de la surface micellaire est aussi la plus fortement fixée tandis que les couches plus éloignées sont de plus en plus lâches et mobiles : c'est *l'eau d'adhésion*. Enfin, entre ces micelles entourées de leur atmosphère aqueuse, dans leurs interstices, *l'eau de capillarité* ; celle-ci libre et mobile.

La diffusion à travers les membranes ne s'accomplit, selon les termes mêmes de Pfeffer, que par l'eau de capillarité et l'eau d'adhésion. L'eau qui, dans l'osmomètre, chemine dans l'épaisseur de la cloison obéit en partie à la capillarité ; mais une autre partie, l'eau d'adhésion, est sujette à entrer en *union passagère* avec les atmosphères aqueuses des micelles : c'est de l'eau asservie qui ne peut posséder à leur ordinaire degré les propriétés dissolvantes ou autres de l'eau libre.

Si elles ne sont pas la forme même de la réalité, ces images offrent l'avantage de résumer et condenser les faits à la façon tout au moins d'un procédé mnémonique. Elles font comprendre que les physiciens ont eu raison de considérer l'osmose comme un phénomène complexe résultant du concours de plusieurs causes physiques et d'y réserver une petite part à la capillarité. Mais le fait que l'osmose n'a pas lieu à travers les pores capillaires des cloisons siliceuses montre bien le rôle secondaire des forces de cette espèce. Poisson ne les faisait intervenir que pour amorcer le phénomène et expliquer l'imbibition initiale de la cloison. Le physicien allemand Magnus y ajoutait l'influence de la viscosité, les solutions les plus visqueuses passant le moins vite à travers les pores capillaires. Les faits repoussent cette explication. Une solution de gomme arabique, deux fois plus visqueuse qu'une solution sucrée, passe par osmose dans celle-ci.

En définitive, la membrane, dans le phénomène de l'osmose, constitue comme un troisième liquide, interposé aux deux autres. L'osmose devient un cas particulier de la *diffusion*. C'est une diffusion gênée, modifiée par les propriétés d'une membrane.

Les liquides miscibles mis en contact, et superposés dans l'ordre de leur densité, au lieu de rester en équilibre invariable, se pénètrent et se répandent les uns dans les autres jusqu'à former un milieu homogène. Ce mouvement de pénétration est la diffusion. C'est une propriété universelle de la matière, du même ordre que la conduction calorifique. Elle s'opère avec des vitesses très différentes selon les corps considérés. Graham et Marignac ont déterminé ces *vitesses de diffusion*. On a vérifié que la vitesse de diffusion augmente, quand la température s'accroît. Il est à remarquer que Dutrochet avait précisément fait la même constatation pour l'osmose. Pour une substance déterminée, la vitesse de diffusion augmente avec la concentration de la solution ; cela est encore vrai de la vitesse osmotique. Il y a des corps à diffusion extrêmement faible et pratiquement nulle, comme l'albumine, la gélatine, la gomme, l'amidon, la dextrine, la silice, l'alumine gélatineuse. Ce sont les *colloïdes* de Graham ; ils sont dépourvus de la propriété de cristalliser. Les substances qui cristallisent, les *cristalloïdes*, diffusent au contraire rapidement. Elles forment des solutions, au sens strict du mot, solutions moléculaires, c'est-à-dire où les molécules sont isolées et également réparties entre celles de l'eau. Les colloïdes, au contraire, selon Naegeli et O. Hertwig, forment des *solutions micellaires* ; leurs particules sont des molécules polymérisées, répandues entre les molécules d'eau. L'emploi des solutions colloïdales présente un grand avantage pour l'étude des phénomènes de l'osmose ; elle supprime l'un des deux courants osmotiques, celui qui va de la substance vers l'eau, c'est-à-dire l'exosmose. Il ne laisse plus subsister que l'endosmose ; et c'est là une simplification fort appréciable.

L'osmose fut donc considérée, à la suite des travaux de Graham, comme un cas particulier de la diffusion des liquides. Néanmoins on avait soin de noter que le degré de diffusibilité n'est pas la véritable condition qui règle l'activité de l'osmose. Cette diffusibilité n'entre en jeu qu'aux limites de la membrane ; elle est entravée par la nécessité où sont les liquides d'en traverser l'épaisseur, et, comme nous l'avons dit précédemment, de participer en quelque sorte momentanément à sa constitution.

Cette condition fait bien ressortir l'importance propre de la membrane et restreint l'influence de la diffusion. Dutrochet en a fourni un exemple en plaçant de l'alcool dans un osmomètre à membrane organisée et de l'eau en dehors. Il constatait un appel énergique de l'eau vers l'alcool, c'est-à-dire du liquide le plus dense, vers celui qui l'est le moins ; et ceci tient certainement à ce que la membrane animale n'est pas perméable à l'alcool pur et n'en admet point le passage. Au lieu d'une membrane organisée on a appliqué à l'osmomètre une membrane de caoutchouc, et la situation s'est trouvée renversée. Le caoutchouc est imperméable à l'eau : il a au contraire en tant qu'il est une émulsion desséchée, résineuse, de l'affinité pour l'alcool qui le ramollit sans le dissoudre. La membrane reçoit maintenant et transmet l'alcool à l'exclusion plus ou moins complète de l'eau, et le courant osmotique entraîne cette fois l'alcool vers l'eau.

On vient de voir que l'emploi de certaines substances, (colloïdes, alcool) ou de certaines membranes (caoutchouc) a pour effet de supprimer l'un des deux courants osmotiques et de n'en plus laisser subsister qu'un seul. Cet état de choses constitue, en définitive, une simplification du phénomène. On l'a recherchée pour la précision qu'elle permettrait de donner aux mesures. Lorsque Pfeffer en 1877 remit sur le métier la question de l'osmose, il eut recours précisément à une membrane de ce genre, qui n'était perméable que pour l'un des liquides osmotiques, pour l'eau, mais qui interdisait le passage à toute matière saline. Cette espèce de cloison, qui supprime le courant exosmotique et qui n'admet de libre circulation que pour l'eau, est ce que l'on appelle une *cloison semi-perméable*. On l'obtient au moyen d'un procédé chimique qui est l'application d'une remarque faite antérieurement par Traube. Lorsque l'on fait tomber une goutte de ferrocyanure de potassium dans une solution de sulfate de cuivre, il se forme à la surface de la goutte une enveloppe membraneuse de ferrocyanure de cuivre, de consistance gélatineuse, qui empêche désormais le sulfate de cuivre de pénétrer à l'intérieur ; mais cette membrane peut donner accès à l'eau ; elle l'emprunte en effet à la solution sulfatée et se gonfle. On ne peut pousser bien loin les recherches avec une capsule de ce genre, parce que sa paroi est extrêmement délicate et facile à rompre. Mais on est parvenu à la renforcer, en lui donnant pour support un vase de pile en terre poreuse. Telle est la partie essentielle de l'osmomètre de Pfeffer. A ce vase est adapté un tube manométrique. On place à l'intérieur une solution de sucre ; au dehors se trouve l'eau pure. L'appareil fonctionne comme celui de Dutrochet. Pfeffer l'a fait servir d'ailleurs aux mêmes recherches, conduites seulement avec une précision plus grande. Les nombres obtenus par l'auteur figurent maintenant dans les tables des constantes physiques et servent de base à toutes les déterminations qui font intervenir le phénomène osmotique. En particulier elles ont été employées aux vérifications de la théorie de van t'Hoff.

Tandis que les déterminations de Pfeffer et les spéculations de van t'Hoff renouvelaient la question de l'osmose au point de vue physique, un botaniste hollandais bien connu, de Vries, l'abordait au point de vue de la physiologie végétale par un côté tout différent. Son exemple et ses conseils déterminaient un de ses compatriotes, M. Hamburger, à poursuivre dans le domaine de la physiologie animale des études analogues. Et c'est ainsi que s'est créé en biologie un mouvement scientifique dont nous aurons bientôt à faire connaître le principe et les résultats.

Le rôle de l'osmose chez les êtres vivants

Il s'est produit, depuis quelques années, un mouvement scientifique très actif autour de la question de l'osmose. L'étude des phénomènes de ce genre s'est développée d'une façon remarquable dans trois branches de science à la fois, en Physiologie végétale à partir de 1875, en Physiologie animale depuis 1888 et en Physique générale depuis les travaux de Van t'Hoff en 1887. Le nombre de publications spécialement consacrées à quelqu'un des aspects de ce sujet ne cesse de se multiplier ; une part de plus en plus considérable lui est faite dans les traités généraux ; presque à tout propos et quelquefois hors de propos, les auteurs font intervenir les forces osmotiques et les considérations qui s'y rattachent. Il serait déplacé, à coup sûr, de vouloir exposer ici le détail de tant d'efforts : mais il n'est peut-être pas inutile d'en indiquer à grands traits la direction générale ; et c'est ce que nous nous proposons de faire.

Albert Dastre

I

L'importance des phénomènes osmotiques dans la vie végétale, Dutrochet dès 1826 en avait eu le sentiment, peut-être exagéré. Il avait affirmé, dans les premiers temps de sa découverte, que l'endosmose était « le phénomène fondamental de la vie ; » plus tard, il se bornait à dire plus modestement qu'elle devait être considérée comme « une cause générale des mouvements chez les êtres vivants. Nægeli en 1855 lui attribua l'état de tension qui règne dans les parties jeunes de la plante et qui assure à ses tissus mous et délicats une rigidité indispensable. Mais c'est surtout à partir de 1875 que ces notions encore un peu vagues se précisèrent, grâce aux travaux d'un jeune professeur de l'université de Bâle, W. Pfeffer, devenu aujourd'hui le plus éminent botaniste de l'Allemagne.

C'est par lui que furent exécutées les premières mesures rigoureuses et précises de la force osmotique ; et cela, grâce à l'artifice de la *membrane semi-perméable*. Un nouveau progrès, d'une importance égale, fut réalisé en 1881, par un savant hollandais, le digne émule de Pfeffer, H. de Vries, qui découvrit le phénomène de la *plasmolyse* et le fit servir à des mesures analogues. Ce nouveau moyen ne donna, à la vérité, que des valeurs relatives et non point des valeurs absolues, comme celui de Pfeffer. Mais il rachète cette infériorité, si c'en est une, par l'incomparable commodité de l'opération.

Les manifestations de l'osmose sont pour ainsi dire innombrables, puisqu'elle résume les rapports matériels de la cellule vivante avec le milieu ambiant. C'est cette participation de la force osmotique dans une multitude d'actes ou de fonctions, que les auteurs contemporains ont essayé de mettre en lumière depuis une vingtaine d'années. On a étudié à cet égard l'absorption, l'excrétion, la circulation des liquides en dehors des cellules et à leur intérieur ; l'ascension de la sève, le mécanisme de l'accroissement des plantes ; les influences exercées par la lumière, par la pesanteur, par les contacts, par les divers excitants, sur les mouvements et la direction des tiges et des racines. Nous ne pouvons-nous proposer de rendre compte de cet énorme labeur. Nous prendrons seulement quelques exemples, pour faire comprendre la nature de l'intervention des forces osmotiques dans l'exécution des actes vitaux. Et nous choisirons précisément un problème fondamental de la physiologie végétale, celui de l'accroissement des cellules et, par conséquent, des plantes.

Il s'agit de comprendre par quel mécanisme intime s'accomplit le grandissement de la cellule végétale, comment et pourquoi son enveloppe va s'étendant de manière à offrir un champ plus vaste au contenu qui lui-même s'accroît à son tour.

Il n'est pas douteux qu'il règne dans la cellule une tension intérieure assez considérable. Pour prendre une grossière image, on peut dire que toute cellule végétale pourvue d'enveloppe est dans la condition d'un ballon de caoutchouc gonflé d'air ; ou, plus exactement, puisqu'il n'y a pas de gaz libre dans l'élément vivant, c'est une vessie dans laquelle on aurait refoulé du liquide de manière à la distendre. C'est grâce à cette distension forcée que la cellule est rigide, dans sa jeunesse. Plus tard, la rigidité tient à d'autres causes : dans les tissus vieillis, il s'est produit des incrustations de la membrane ; ces dépôts ligneux plus ou moins durs font l'office d'une charpente ; ils assurent la solidité de la plante et garantissent les parties contre l'écrasement réciproque. Mais, dans les tissus jeunes, il n'en est pas ainsi : tout ce qui y existe, protoplasme ou membrane, est mou, semi-fluide, incapable de se tenir par soi-même. La jeune tige s'effondrerait donc, comme un sac vide, si les cellules n'étaient dilatées et rendues turgides : si, en un mot, il n'existait pas de tension interne suffisante.

Le degré de cette pression hydrostatique, due à la surabondance de la sève cellulaire, a pu être mesuré. Sa valeur est considérable. Elle varie, en moyenne, de 5 à 11 atmosphères, dans les cellules de la plupart des plantes qui vivent dans le sol ou dans les eaux douces. C'est dire qu'elle atteint presque celle de la vapeur dans nos locomotives de chemin de fer ; celle-ci, en effet, oscille de 9 à 10 atmosphères. Ce n'est pas à dire que la fine membrane cellulaire de qui l'on exige une telle résistance expose ce petit appareil au danger d'une explosion. Les pressions hydrostatiques ne se comportent point comme les pressions gazeuses ; les liquides n'ont point de ressort ; leur élasticité est nulle. Si une pression d'eau dépasse la résistance du réservoir, celui-ci se rompt, le liquide s'écoule et se répand sans être projeté ; il n'y a pas davantage de projection de débris ; l'énorme pression disparaît instantanément : elle tombe à zéro aussitôt que la fissure s'est produite. C'est ce qui arrive dans les cellules végétales lorsque, par aventure, la pression intérieure du suc cellulaire s'y élève trop haut.

Nous venons de parler de la valeur moyenne de la pression interne dans la cellule. Sa valeur minima ne descend pas beaucoup au-dessous de 3,5 atmosphères. En revanche, elle peut s'élever notablement au-dessus. Par exemple, dans le bulbe de l'oignon comestible, la pression osmotique interne atteint 15 atmosphères : elle monte à 21 atmosphères dans les cellules de la racine de betterave. L'état turgide des éléments anatomiques dans la betterave se manifeste par une épreuve bien simple. Il suffit de couper longitudinalement, la racine en deux moitiés, suivant l'axe du cône. Les deux surfaces de section, au lieu de rester planes et applicables l'une contre l'autre, se bombent tellement dans la partie centrale, qu'elles ne peuvent plus être juxtaposées. Ceci est vrai pour les racines fraîchement arrachées. Après quelque temps, elles se fanent, et la turgescence disparaît : le phénomène reparaît si l'on immerge dans l'eau les racines fanées.

Sans connaître exactement l'énormité de ces pressions internes, les botanistes, antérieurement à Pfeffer et de Vries, en avaient eu le soupçon. Avant de l'identifier à la pression osmotique, ils appelaient cette tension *turgor, force de turgescence*, ou simplement turgescence. Le savant professeur de l'Université de Wurzburg, Sachs, avait donné, dès 1871, une définition claire de cette force de turgescence et il avait mis en plein relief son importance. Le même botaniste avait rattaché précisément, comme de Vries, son élève, devait le faire plus tard avec plus de précision, l'accroissement à l'action dilatatrice et extensive, que cette force de turgescence exerce sur la membrane qui limite la cellule.

Tous les botanistes n'ont pas admis les idées de Sachs et de H. de Vries à cet égard. Ils n'ont pas tous considéré que l'extension de la membrane par la pression osmotique fût le fait capital ou primitif de l'agrandissement de la cellule ; mais le désaccord n'existe que sur la part plus ou moins léonine qu'il convient d'attribuer à l'agent osmotique dans l'accomplissement du phénomène.

En physiologie animale, les applications des lois de l'osmose sont de date plus récente. C'est à M. Hamburger, d'Utrecht, qu'appartient l'honneur d'avoir aiguillé les recherches dans cette direction, en 1884. Il a étudié l'influence des phénomènes osmotiques sur la constitution du sang, sur l'état des globules et sur la composition de la partie liquide.

On a publié un nombre considérable de travaux, d'expériences et de considérations sur le rôle de l'osmose dans le fonctionnement physiologique des animaux. L'étude du sérum sanguin a montré que la pression osmotique s'y maintenait sensiblement constante, dans des conditions très diverses, normales ou anormales, telles que le jeûne, l'ablation de la rate, l'anémie. On a admis en conséquence l'existence d'un pouvoir régulateur de la composition du sang ; et ce pouvoir a été considéré par divers auteurs comme lié à l'activité vitale, et par d'autres, comme MM. Fano et Bottazzi, à des conditions purement physiques. M. Winter, en 1895, a comparé entre elles les différentes humeurs de l'organisme. Il a énoncé cette loi intéressante que tous les liquides de l'économie sont sensiblement en équilibre osmotique ; ils contiennent le même nombre de molécules de matières fixes, dissoutes dans le même volume. C'est là une particularité qui ne saurait être sans portée.

On a étudié au même point de vue la sécrétion des glandes, et particulièrement celles du rein et de l'estomac. Et là encore on a vu renaître le même débat sur la nature de cette fonction, réglée selon les uns, par le simple jeu de l'osmose, et suivant les autres, par des conditions vitales dominatrices. Même discussion encore à propos de la formation de la lymphe dans l'économie : les uns, comme MM. Cohnstein et Popoff, regardent ce liquide comme extrait du sang d'après les lois de l'osmose, tandis qu'une théorie célèbre en physiologie, due à MM. Heidenhain et défendue par M. Hamburger, en fait un produit de l'activité sécrétoire, vitale, des cellules qui tapissent les capillaires sanguins. On a fait, enfin, intervenir les lois de l'osmose dans l'explication des mouvements des liquides à l'intérieur de l'organisme ; on a essayé de rendre compte, grâce à elles, de l'aspiration du sang par la lymphe, puis de la lymphe par les tissus (Koranyi, 1894). Par la même action, on a encore interprété d'anciennes expériences de P. Bert sur le transport des animaux d'eau douce dans l'eau de mer. Ce changement de milieu, lorsqu'il est opéré brusquement, a pour conséquence le drainage des tissus, la perte de poids et finalement la mort de l'animal. Signalons enfin de nombreuses recherches sur l'intervention des phénomènes osmotiques dans le fonctionnement des organes nerveux, dans les propriétés des muscles (J. Loeb, 1898) et enfin dans la production de beaucoup de conditions pathologiques, telles que l'œdème brightique, l'éclampsie, l'anémie, les affections rénales. Cette énumération déjà longue et cependant fort incomplète suffit à montrer l'étendue du mouvement créé en biologie animale par les travaux initiateurs de Dutrochet, Pfeffer, de Vries et Van t'Hoff.

Quant au mouvement provoqué dans le domaine des sciences physico-chimiques, ce n'est pas le lieu d'en examiner le détail. Il suffit d'en affirmer, là encore, l'importance et l'étendue.

Les applications pratiques, elles aussi, n'ont pas fait défaut. Quelque temps après les recherches de Dutrochet, l'industrie des sucres reçut une amélioration importante du fait de l'introduction des procédés de diosmose. M. Dubrunfaut, de 1854 à 1873, imagina un appareil, l'osmogène, qui a été perfectionné depuis lors et qui permettait de purifier les liquides sucrés, et d'extraire des mélasses une grande quantité de sucre autrefois perdu.

II

L'artifice de la *membrane semi-perméable*, voilà ce qui caractérise l'œuvre de M. Pfeffer ; il a suffi de cela pour révolutionner la question de l'osmose. Une *membrane semi-perméable* est celle qui donne libre passage à l'eau et qui arrête tous les corps dissous. Par rapport à l'eau, elle est comme si elle n'existait pas : elle n'oppose dans un sens ni dans l'autre aucune résistance à ses mouvements, ou du moins elle ne fait que les ralentir. Placée entre deux biefs d'inégale hauteur, elle permet le déversement du plus élevé dans le plus bas jusqu'à égalisation des niveaux, comme ferait un tuyau de communication plus ou moins étroit. Mais elle arrête toutes les autres substances, comme si leurs molécules étaient trop grosses pour passer et que celles de l'eau, seules, fussent assez ténues pour s'insinuer à travers ses pores. Si l'on fait usage d'une membrane de ce genre pour séparer, dans l'endosmomètre, une solution de sucre d'avec de l'eau pure, le phénomène se borne à l'afflux de celle-ci dans la solution sucrée ; pas une parcelle de sucre ne sort du vase intérieur. Le niveau baisse d'un côté, il s'élève de l'autre, et le manège continue, jusqu'à ce que l'impulsion, qui tend à faire pénétrer l'eau, soit équilibrée par le poids de la colonne soulevée qui résiste à cette pénétration. Le mouvement ascensionnel s'arrête alors : les choses restent en l'état, indéfiniment. La hauteur du soulèvement mesure la *force* ou *pression osmotique*. La pression osmotique ainsi mesurée devient une constante physique qui caractérise la solution employée. Par exemple, si le vase intérieur contient un gramme de sucre, et qu'à la fin de l'expérience le volume de la solution qui le remplit soit de 100 centimètres cubes, on constatera que la colonne d'eau soulevée équivaut à une colonne de mercure de 52 cent., 4. On dira donc que la pression osmotique du sirop qui contient 1 gramme dans 100 centimètres cubes de solution est égale à 52 cent., 4 de mercure. Pfeffer a exécuté un certain nombre de déterminations de ce genre. Il a fixé les pressions osmotiques correspondant aux diverses concentrations. Il a opéré aux diverses températures, lia constitué ainsi un tableau des valeurs de la pression osmotique de la solution sucrée dans diverses conditions. C'est là une nouvelle table de données numériques. Ces nombres sont indépendants des circonstances de l'opération, du volume de l'appareil, de la nature de la membrane. Chacun est attaché à la solution correspondante comme un paramètre qui la spécifie tout aussi bien que sa densité, son point de congélation, sa conductibilité électrique ou toute autre constante physique.

On comprend, sans qu'il soit nécessaire d'insister davantage, le changement dans les idées qui résulte de ce simple changement dans le mode opératoire. Dutrochet faisait usage de membranes perméables dans les deux sens : il observait deux courants inverses, l'un d'osmose qui entraînait l'eau, l'autre d'exosmose, ou comme l'on dit maintenant de *diosmose*, qui emportait le sucre. Il ne pouvait noter que la différence de ces deux effets contraires, associés et superposés. Lorsque le mouvement ascensionnel dans le vase intérieur se ralentissait et s'arrêtait enfin, l'opérateur mesurait la différence des niveaux dans les deux parties de l'osmomètre ; il déterminait ainsi la pression osmotique correspondant à la solution telle qu'elle était composée à ce moment même. Mais ce moment est fugitif : il est difficile à saisir. Si on le laisse échapper, l'épreuve est à recommencer. Le courant de diosmose continue d'entraîner de nouvelles quantités de la substance dissoute ; le niveau s'abaisse lentement et le terme de l'opération arrive lorsque enfin le sucre est également partagé entre les deux vases, et les deux niveaux confondus. La pression osmotique est alors disparue. Cette ancienne manière de procéder, malgré ses désavantages, est certainement correcte ; mais, précisément, elle ne fait pas apparaître le véritable caractère de la pression osmotique, qui est d'être un module attaché à chaque solution, comme un renseignement signalétique, indépendant de la nature de la membrane et des circonstances de l'opération. L'expérience de Dutrochet, au lieu d'écarter ces contingences, les mettait en relief : la hauteur qu'il observait dépendait de la vitesse relative des deux courants, c'est-à-dire de la nature de la cloison osmotique.

La *membrane semi-perméable* a fait de l'osmose un phénomène unilatéral, au lieu du phénomène bilatéral connu jusqu'alors. Elle a simplifié la mesure de la force osmotique et a mis en lumière son caractère de paramètre physique lié à chaque solution déterminée. Il en est résulté que la question s'est trouvée tout naturellement amenée sur le terrain de la physique. Quelques années plus tard, Hugo de Vries, en montrant l'étroite liaison qui existe entre la pression osmotique et la constitution moléculaire des corps dissous, y faisait intervenir la chimie. Et c'est ainsi que, placée sur le terrain commun de ces deux sciences, l'osmose est devenue l'une des études de prédilection des physico-chimistes.

Albert Dastre

Le fait de l'hémiperméabilité d'une membrane ou d'une osmose unilatérale n'était cependant pas sans exemple, avant la tentative de Pfeffer. Lorsque Dutrochet avait recours à une lame de caoutchouc pour séparer l'eau pure de l'eau alcoolisée, il savait que cette membrane n'était perméable qu'à l'une de ces substances, l'alcool, qui seule cheminait au travers, et qu'elle était, au contraire, une barrière à peu près infranchissable pour l'eau. Des deux courants ordinaires, il ne subsistait plus que l'unique courant osmotique. On savait aussi, mais le fait ne fut bien connu qu'après les expériences de Graham, que les membranes animales habituelles, c'est-à-dire perméables à l'eau, ne laissent passer que très difficilement, ou même arrêtent complètement les matières albumineuses, colloïdales, de telle sorte que l'osmose de leurs solutions aqueuses est encore unilatérale.

Mais, avant Pfeffer, on n'avait pas systématisé les notions de ce genre et l'on n'en avait (pas tiré les conséquences. Déjà, cependant, en 1867, un expérimentateur allemand bien connu, Traube, avait donné les moyens de préparer, de conserver et d'utiliser des membranes semi-perméables. Il les obtenait par précipitation chimique. Il suffit que le précipité soit de consistance gélatineuse, colloïdale, assez compact. Le cas se réalise lorsque l'on met une solution de colle sucrée (colle à bouche, colle ordinaire contenant 5 à 15 pour 100 de sucre) au contact d'une solution de tannin à 2 pour 100. Une baguette de verre à laquelle adhère une goutte de ce mélange, et que l'on plonge dans la liqueur tannique, s'entoure d'un précipité. L'on transporte cette goutte dans l'eau pure, sa mince pellicule de tannate livre passage à l'eau et se distend jusqu'à ce qu'enfin elle éclate.. — On obtient un résultat analogue en jetant un morceau de sulfate de cuivre dans du ferrocyanure de potassium. Le précipité de ferrocyanure de cuivre qui se forme à la surface est semi-perméable. Si l'on plonge le morceau de sulfate ainsi revêtu, dans de l'eau distillée, celle-ci s'introduit à l'intérieur, dissout le sulfate, gonfle la membrane et ne tarde pas à la faire éclater. M. Pfeffer, dans ses expériences, a précisément utilisé les membranes de ferrocyanure de cuivre. Son osmomètre était constitué par une membrane de ce genre appuyée à un vase poreux de pile qui lui sert de soutien. Il préparait cet appareil en plongeant successivement le vase poreux dans des solutions étendues à 3 pour 100 de sulfate de cuivre et de ferrocyanure de potassium.

Rien ne semble plus artificiel, *a priori*, que des préparations de ce genre — et on serait tenté de croire qu'il y a bien peu de chances de trouver réalisées, chez les animaux ou les plantes, des membranes

aussi particulières et les conditions d'une osmose aussi exception-
nelle. On se tromperait grandement. Ce cas, loin d'être exceptionnel,
est le type ordinaire, normal, de l'osmose naturelle. Il est réalisé plus
ou moins exactement par tous les éléments protoplasmiques. La cellule artificielle de Pfeffer se trouve être l'image de la cellule véritable.
Dans les cellules végétales, par exemple, on trouve les deux espèces
de membranes : l'enveloppe extérieure, surtout formée de cellulose,
est comparable aux membranes de Dutrochet ; elle se laisse traverser facilement par toutes les solutions salines, sucrées, et ne barre
le passage qu'aux substances colloïdales, albumineuses. A l'intérieur
de cette première enceinte protectrice se trouve la masse protoplasmique qui constitue la cellule vivante, et celle-ci est précisément
entourée par une mince pellicule (membrane plasmique) qui ne
laisse à peu près rien passer que l'eau et qui est, conséquemment,
une membrane semi-perméable. A la vérité, sa résistance à toute
pénétration n'est pas absolue, elle comporte des exceptions sans les-
quelles les échanges vitaux de la nutrition seraient impossibles ; mais
ces exceptions à l'imperméabilité de la membrane plasmique, res-
treintes à un petit nombre de substances et d'ailleurs passagères, ne
doivent pas entrer ici en ligne de compte. Si les matériaux qui sont
accumulés dans les cellules des algues et des autres plantes aqua-
tiques diosmosaient le moins du monde dans l'eau ambiante, ces
plantes ne conserveraient pas leur turgescence ; elles se faneraient
et périraient bientôt. De même, si le protoplasme qui, dans la cellule
de la betterave, protège le jus sucré, était perméable à cette substance, le sucre se dissiperait dans le sol humide. La pénétration en
sens inverse n'est pas plus facile : il y a beaucoup de plantes qui n'ab-
sorbent pas, dans l'espace de tout un jour, de quantités appréciables
de substances solubles, telles que le nitrate de potasse, le chlorure de
sodium et le sucre.

III

Les procédés qui sont employés pour mesurer la pression osmotique sont nombreux. On les distingue suivant qu'ils sont directs,
ou indirects, physiologiques ou physiques ; qu'ils fournissent des
valeurs relatives ou des valeurs absolues. Le procédé de Pfeffer est
physique, car il ne fait intervenir aucun organisme vivant ; il est di-
rect, car il met l'expérimentateur en présence de la pression à éva-
luer ; il donne enfin, en grandeur absolue, en hauteur d'eau ou de
mercure, la valeur de cette pression. En compensation de ces avan-

tages, il est malheureusement très délicat et très laborieux. Il n'y a qu'un très petit nombre de physiciens, peut-être seulement trois ou quatre dans le monde entier, en comptant M. Pfeffer, en Allemagne, et M. Ponsot en France, qui aient réussi à faire des déterminations de ce genre. — D'ordinaire la pression osmotique d'une solution ne se mesure point ; elle se déduit, par voie indirecte, d'autres mesures physiques ; par exemple de l'abaissement du point de congélation, de la diminution de tension de la vapeur d'eau émise, de la conductibilité électrique de la solution. Les lois dues à MM. Raoult, Van t'hoff, et Arrhénius, permettent d'en conclure la valeur relative de la force osmotique.

MM. de Vries et Hamburger, au contraire, ont eu recours à un procédé physiologique ; leur appareil est une cellule vivante et non une cellule osmotique artificielle.

Le savant botaniste hollandais assimile chaque cellule végétale à un osmomètre de Pfeffer. La *membrane cellulaire* est l'analogue du vase poreux ; elle est perméable à l'eau et aux sels et remplit seulement l'office de soutien ; en dedans, la surface périphérique du corps cellulaire ou *membrane plasmique* exactement adossée à l'enveloppe représente la membrane de ferrocyanure de cuivre, seulement perméable à l'eau : au centre, formant comme une sorte de lac, le *suc cellulaire*, solution de sels et de sucre. Tout ce petit appareil est normalement rempli, distendu, turgide. Si l'on vient à le plonger dans l'eau pure, celle-ci entre par un mouvement d'osmose, dilue le suc cellulaire et en augmente encore la pression interne. Si au contraire il est immergé dans une solution saline forte, son eau est drainée ; le volume diminue ; la distension baisse ; la rigidité disparaît : la cellule s'affaisse : elle est *fanée*.

C'est une somme d'effets pareils qui se produit dans la jeune tige ou dans la fleur coupée : privées de l'afflux de sève nourricière, elles se flétrissent et s'affaissent. Elles se faneraient tout aussi sûrement si on les plongeait dans une solution épaisse et concentrée d'une substance indifférente. En les immergeant, au contraire, sans perdre de temps, dans une solution étendue, ou dans l'eau pure, on leur fait reprendre leur turgescence, leur rigidité et leur fraîcheur.

On voit par-là qu'une cellule végétale se gonfle ou se ratatine, que son volume augmente ou diminue, suivant que le liquide environnant est plus ou moins dilué que le suc cellulaire. Elle ne reste immobile et au repos, elle n'est en équilibre parfait de volume et de pression que pour une concentration convenable du liquide ambiant. On dit alors que celui-ci est *isosmotique* ou *isotonique* au suc cellulaire, qu'il a la même pression osmotique.

Ces observations suggèrent le moyen de juger si deux ou plusieurs solutions sont isotoniques. Il suffira d'y plonger une cellule végétale, celle-ci devra y conserver exactement le même volume. En les concentrant ou en les diluant il sera facile de les amener à cet état. Malheureusement, la constatation de l'égalité de volume est assez difficile à faire avec exactitude.

A cette appréciation imprécise et malaisée H. de Vries en a substitué une autre, fondée sur le fait, qu'il a découvert, de la *plasmolyse*. Il faut, pour l'apercevoir, examiner au microscope une cellule végétale, par exemple quelqu'une de celles que l'on obtient en pratiquant une coupe mince dans une racine de maïs. Le protoplasme vivant forme alors une sorte de sac adossé étroitement à la membrane cellulaire. Si l'on venait à diluer le liquide ambiant avec la moindre quantité d'eau, celle-ci attirée par le suc intérieur accroîtrait la pression interne et presserait plus fortement la membrane protoplasmique contre la paroi cellulaire ; mais, de ce fait l'observateur ne s'apercevra point ; rien ne le révélera au regard. Au contraire, si l'on concentre le moins du monde le liquide ambiant, de l'eau sera appelée au dehors et il se manifestera une tendance à l'affaissement de la cellule et à son retrait. Le sac protoplasmique, tout à l'heure adhérant encore à la membrane cellulaire, tend à s'en détacher ; et il s'en détache, en effet, sur quelque point. C'est ce retrait qui constitue la *plasmolyse*.

On saisit donc facilement le moment où le liquide ambiant cesse d'être en équilibre osmotique avec le suc cellulaire, et, par suite, le moment où cet équilibre existe encore. En répétant la même épreuve avec diverses solutions, on les rend facilement isosmotiques ou isotoniques au suc cellulaire, et par conséquent isosmotiques entre elles. Il suffit, en les concentrant ou en les étendant convenablement, de les amener au point où se manifeste un commencement de plasmolyse. *Le début de la plasmolyse est l'indication du moment où l'isotonie est obtenue.*

Si le liquide ambiant continue à se concentrer, ou si, par quelque autre moyen, la cellule végétale continue à perdre de l'eau, le phénomène de la *plasmolyse* se poursuit : le sac protoplasmique se détache de la membrane cellulaire sur toute son étendue et forme alors une sorte de ballon flottant à l'intérieur de l'enveloppe cellulosique, trop rigide pour suivre son mouvement de rétraction. Tel est l'état de la *cellule plasmolysée*, et, en général, de tous les tissus fanés.

Albert Dastre

Grâce à ces observations de plasmolyse débutante, H. de Vries a pu fixer la composition d'un grand nombre de solutions ayant même pouvoir osmotique. Il suffit de bien choisir les plantes dont les cellules serviront d'indicateurs. S'il s'agit de solutions de sucre ou d'hydrates de carbone, on s'adresse à l'*Elodea canadensis*. Pour les liqueurs acides, on emploie des cellules de *Bégonia* : dans d'autres cas, certaines cellules de *Tradescantia* ; quelquefois des globules rouges du sang (Hamburger).

Voici maintenant les résultats les plus généraux de ces mesures. On a déterminé à quel degré de concentration les solutions d'un grand nombre de substances devenaient isotoniques. On a constaté, par exemple, qu'il y a isotonie entre des solutions qui dans 10 litres contiennent 101 grammes de salpêtre, 513 grammes de sucre de cannes, 270 grammes de glucose, 139 grammes de glycérine, 225 grammes d'acide tartrique, 135 grammes d'acide oxalique. Ces nombres ; au premier abord, ne semblent avoir aucune signification. Ils en prennent une très décisive, aussitôt que l'on observe que ces chiffres représentent précisément les poids moléculaires de ces substances exprimés en grammes.[1] Ceci revient à dire que les solutions ont même pouvoir osmotique lorsqu'elles contiennent dans le même volume le même nombre de molécules ; les solutions équimoléculaires ont la même pression osmotique. Cet énoncé est vrai pour les substances organiques. Au contraire, il doit subir une correction dans le cas de la plupart des substances salines.

---

1 La molécule d'un corps simple ou composé est la plus petite partie de ce corps qui puisse exister à l'état libre, avec ses caractères et ses propriétés. La division poussée plus loin serait une décomposition chimique. On ne connaît pas en grammes et en centimètres cubes le poids absolu ni le volume absolu de ces particules dernières. Mais la chimie fait connaître leurs valeurs relatives. Elle choisit précisément les formules de manière qu'elles expriment pour chaque corps un poids qui, s'il n'est pas celui même de la molécule, lui est proportionnel. La formule fait donc connaître immédiatement le poids moléculaire relatif en grammes, si l'on se rappelle que les symboles H, C, 0 représentent des poids de 1 gramme, 12 grammes, 16 grammes. C'est ainsi que le sucre de cannes $C12H12O11$, a pour poids moléculaire 342 grammes ; le glucose $C6H12O6$, 180 grammes ; la glycérine $C3H8O3$, 92 grammes ; l'acide tartrique $C4H5O6$, 150 grammes ; l'acide oxalique $C2H2O4$ 90 grammes. Ces poids, 342 grammes, 180 grammes, 92 grammes, etc., ne sont pas, naturellement, les poids d'une molécule de sucre, de glucose, de glycérine, comme on le dit cependant par abréviation : mais ils contiennent le même nombre de fois le poids véritable d'une molécule de ces substances ; ils sont les poids d'un même nombre de molécules : ils sont équimoléculaires. Des solutions de sucre, de glucose, de glycérine, d'acides tartrique et oxalique qui contiennent respectivement 342 grammes, 180 grammes, 92 grammes, 150 grammes, 90 grammes dans le même volume, dans 10 litres, par exemple, sont équimoléculaires.

Il importe de s'arrêter, avant d'en venir aux exceptions et aux restrictions, sur cette loi remarquable qui fait dépendre la pression osmotique de la concentration moléculaire. Il faut en envisager brièvement la portée et les conséquences. On sent d'avance qu'elles doivent être considérables, au moins au point de vue théorique. Séparées de l'eau par une membrane semi-perméable (c'est-à-dire perméable à l'eau seulement), les solutions des substances organiques développent la même pression en grandeur si elles contiennent le même nombre de molécules de la matière organique par litre ; et, si elles en contiennent des nombres différents, la pression est proportionnelle à ces nombres. *Toute molécule quelle qu'elle soit exerce en dissolution la même pression osmotique.* Telle est, dans son élégante simplicité, la loi fondamentale de l'osmose.

La liaison de la force osmotique au nombre des molécules a été un trait de lumière. Tous les problèmes les plus profonds que soulève le jeu de cette force, l'une des plus générales de la nature, en ont été éclairés subitement. Les tables de chiffres qui résument les expériences de Dutrochet, de Pfeffer et de H. de Vries en reçoivent une haute signification. Une analogie fondamentale, impossible à apercevoir tant que l'on comptait les concentrations en poids et les compositions en centièmes, se dévoile et s'impose à l'esprit. La pression osmotique est proportionnelle au nombre des molécules réparties dans un volume donné ; cet énoncé fait surgir dans le souvenir la loi des gaz, le principe d'Avogadro : La pression gazeuse est proportionnelle au nombre des molécules dans un volume donné. Serait-ce donc que la substance dissoute dans l'eau aurait quelque analogie avec le gaz répandu dans l'espace éthéré, et que la pression osmotique serait comparable aune pression gazeuse ?

Telle est la question qui s'impose inévitablement à un esprit réfléchi. C'est celle qui se présenta évidemment à Van t'Hoff et qui devint le point de départ de son ingénieuse et profonde théorie. Son premier soin dut être de serrer de plus près ces apparences d'analogie : leur explication devait être réservée pour plus tard. Si la pression osmotique est réellement assimilable à la pression gazeuse, elle doit suivre les mêmes lois expérimentales qui régissent l'état gazeux, celle de Mariotte relative à l'influence du volume, celle de Gay-Lussac et Regnault, relative à l'influence de la température. Et c'est ce que les tables permettent de vérifier, en effet. Les mesures de Pfeffer concordent parfaitement avec ces règles. La formule des gaz parfaits s'applique donc aux solutions.

Albert Dastre

La théorie se présente jusqu'ici avec des caractères d'une remarquable simplicité. L'assimilation du corps dissous à un gaz semble donc parfaitement légitimée, au point de vue expérimental. Quelles que soient les raisons que nous en puissions concevoir, la manière dont nous puissions l'expliquer, l'identification de ces deux états matériels, substance dissoute d'une part, substance vaporisée ou gaz d'autre part, leur analogie semble inébranlablement établie. Elle est fondée sur des concordances numériques, résultant de mesures précises ; le hasard n'y a point de place. La théorie se présente donc au premier abord avec un caractère de vérité et de simplicité tout à fait imposant.

Un examen plus approfondi découvre bientôt de graves difficultés. Nous n'avons parlé jusqu'ici que des solutions des substances organiques. Les pressions osmotiques s'y sont montrées proportionnelles aux poids moléculaires de la substance dissoute : cette loi est le fondement même de l'analogie invoquée entre l'état de solution et l'état gazeux. Mais l'expérience a montré que cette loi même ne s'appliquait rigoureusement qu'aux composés organiques et à un très petit nombre de composés minéraux (sels alcalino-terreux dérivés d'une molécule d'acide). La grande majorité des corps solubles par excellence, des sels minéraux, y échappe.

Faut-il donc renoncer à cette doctrine physique séduisante ? Non ; on n'en est pas réduit à une si rigoureuse nécessité. Si les pressions osmotiques exactement mesurées ne sont point en rapport avec les poids moléculaires eux-mêmes, H. de Vries a montré qu'elles étaient en rapport avec une fraction simple de ces poids. Elles sont de 3/2 pour les sels alcalins monoatomiques, de 2 pour les sels alcalins biatomiques, et pour les sels alcalino-terreux bi-acides, de 5/2 pour les sels alcalino-terreux.

C'est ici qu'apparaît toute l'ingéniosité des physiciens lorsqu'il s'agit de sauver ce qu'il y a de plus essentiel dans la science, à savoir la généralité des lois. La loi de l'attraction universelle a été menacée lorsque les perturbations des planètes furent découvertes et que l'on dut reconnaître qu'elles ne suivaient pas exactement les lois de Kepler. Mais les profonds calculs des géomètres ne tardèrent pas à établir que ces perturbations elles-mêmes étaient une conséquence même de l'attraction ; et la loi sortit de cette épreuve avec une consécration plus éclatante. Toutes proportions gardées, il s'est passé ici quelque chose d'analogue.

Sans doute, pour la majorité de ces substances minérales, acides, bases, sels, les pressions osmotiques sont plus fortes qu'il ne faudrait ; elles ne correspondent plus au nombre de molécules que l'on croit exister dans la solution, mais à des nombres plus grands.

Avant de nous résigner à la contradiction, rappelons ce qui s'est produit dans l'histoire des gaz et des vapeurs. Là aussi, l'on a rencontré des irrégularités ; par exemple, dans le cas du chlorhydrate d'ammoniaque, de la vapeur d'iode et de beaucoup d'autres corps vaporisés à des températures élevées. Pour une même masse gazeuse, la pression est alors supérieure à celle qu'exigent les lois de Mariotte et de Regnault. — La découverte des phénomènes de *dissociation* est venue lever cette difficulté-Si la pression est supérieure à ce que l'on croit qu'elle devrait être, c'est que l'on compte mal le nombre des molécules. Le corps en effet est *dissocié* partiellement : un certain nombre de molécules de chlorhydrate d'ammoniaque, comptées pour une molécule, se sont décomposées en deux molécules, l'une d'ammoniaque, l'autre d'acide chlorhydrique. En tenant compte de ces dédoublements, la pression devient conforme à ce qu'elle doit être d'après la supputation des nombres moléculaires.

Quelque chose de pareil est arrivé dans le cas des solutions. Et comme elles suivaient déjà les lois des gaz, on a constaté qu'elles en suivaient aussi les prétendues anomalies. Un savant suédois, M. Svante Arrhénius, a annoncé dès 1888 que les sels anomaux, à pression trop forte, dont nous avons parlé sont dissociés au sein de leurs solutions. Cette dissociation est plus ou moins complète. Son effet est, en tous les cas, d'augmenter le nombre des molécules ; et, puisque la pression osmotique est liée à ce nombre, son augmentation expliquerait, conformément aux lois, la majoration de pression observée. Quant aux causes de cette dissociation, il y en a deux : la dilution et la condition électrique. Il est remarquable, en effet, que les substances organiques qui suivent régulièrement la loi fondamentale de l'osmose échappent précisément à la décomposition électrolytique ; et que les corps anomaux, sels, acides, bases, la subissent au contraire facilement et se séparent en groupes qui s'isolent aux électrodes ; ce sont les ions. De là le nom de *dissociation électrolytique*. A mesure que la dilution augmente, cette dissociation augmente aussi : pour une dilution extrême, à la limite, la dissociation serait complète. Le nombre des ions serait alors dans un rapport simple avec celui des molécules primitives, et l'augmentation de la pression osmotique correspondrait aux coefficients simples de H. de Vries. La loi fondamentale de l'osmose, à son tour, sortirait de l'épreuve victorieuse et mieux consacrée.

Albert Dastre   ISBN : 978-1548213213